AF324439

NOTE

SUR LES SEMIS

DE

BOIS RÉSINEUX

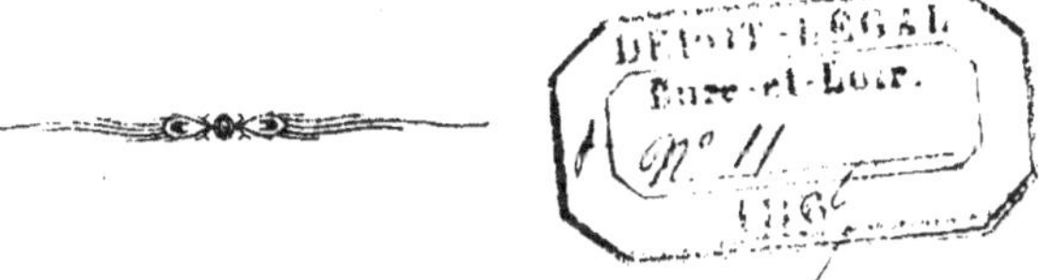

DREUX

IMPRIMERIE TYPOGRAPHIQUE DE CH. LEMENESTREL, RUE D'ORLÉANS

1869

MÉMOIRE

BOIS DE St-VINCENT

commune

de Saint-Maixme

canton de

Châteauneuf-en-Thimers

(Eure-et-Loir)

———————

M. LÉON VINGTAIN

à Marcouville

COMMUNE DE VITRAY

canton

de Brezolles

(Eure-et-Loir)

———————

SUR LES

Semis de Bois résineux

PRÉSENTÉ

à la Commission chargée de décerner la Prime d'honneur

DANS LE DÉPARTEMENT D'EURE-ET-LOIR

en 1869

———————

MONSIEUR LE PRÉFET,

La circulaire de M. le Ministre de l'agriculture, du commerce et des travaux publics, en date du 25 juin 1864, organise les concours régionaux et contient le passage suivant :

« Deux ordres de récompenses sont donc offerts aux cultivateurs
« des différents départements où se tiennent, chaque année, les con-
« cours régionaux : 1° La prime d'honneur, accordée à l'exploitation
« jugée la meilleure et la plus propre à être offerte en exemple, celle
« qui, occupant la première place, aux yeux du jury, est en dehors
« de comparaison avec les autres domaines concourant; 2° Les mé-
« dailles d'or de différents modules et les médailles d'argent mises à
« la disposition du jury, et destinées, non pas à récompenser un
« ensemble de travaux et à servir, en quelque sorte, d'accessit à la

« prime d'honneur, mais bien à récompenser des faits spéciaux et
« considérables. »

Le soussigné, moins pour obtenir une distinction de la nature de
celles indiquées ci-dessus, que pour faire connaître un procédé qui
permet de mettre en valeur une quantité assez considérable de terres
aujourd'hui incultes ou ne donnant que des produits insuffisants,
vient solliciter une visite de la commission chargée de décerner la
prime d'honneur en 1869.

Le reboisement d'une partie du sol par des semis de résineux a
été dans les départements voisins du nôtre l'objet de nombreuses entreprises, qui ont été couronnées de succès. Dans Eure-et-Loir, il est
vrai, quelques essais ont été faits à une date déjà ancienne, et tout
récemment ils ont été renouvelés par l'administration des Forêts, qui
paraît déterminée à entrer résolument dans cette voie ; mais les propriétaires de bois particuliers ne paraissent pas suivre ce mouvement,
et cependant le climat, le sol, les conditions économiques, dans lesquelles le département d'Eure-et-Loir se trouve placé, semblent pro-
mettre les résultats les plus avantageux aux entreprises de cette nature.

Les quelques bois de pins que possédait le département d'Eure-
et-Loir, semés il y a 40 ou 50 ans sous l'impulsion que donnait
alors le gouvernement inspiré par M. Decazes, sont arrivés déjà à la
fin de leur existence. La plupart ont disparu par la raison que la

seule graine qui fut alors dans le commerce était celle du pin maritime, dont la limite d'âge est fixée entre 40 et 50 ans. Les propriétaires qui ont voulu réensemencer leur terrain en résineux se sont trouvés dans une situation difficile : d'une part, tous ceux qui se sont occupés de culture forestière connaissent la périodicité naturelle des essences de bois dans les forêts; aussi n'ont-ils pas osé confier au même sol la même graine que celle qui avait été déjà employée; et, d'autre part, comme on ignorait si le climat, si le sol convenaient à d'autres essences résineuses, on s'est abstenu.

Ayant eu à raser une futaie de pins maritimes de 20 hectares environ, futaie arrivée à la dernière période de son existence, je me suis trouvé, en 1862, dans l'embarras que je viens de signaler. Prévoyant cette difficulté, j'avais dû faire des essais destinés à étudier le climat, le sol et les essences résineuses qui pouvaient être avantageusement employées en réensemencement; deux étaient particulièrement désignées à mon attention par la belle venue de quelques sujets végétant dans des parcs ou dans des jardins d'agrément :

Le Laricio de Corse, le pin d'Écosse ou Sylvestre.

Quant au premier, un essai fait vers 1839 dans la forêt domaniale de Châteauneuf-en-Thimerais était de nature à me faire supposer que, malgré son origine méridionale, le Laricio de Corse pouvait s'accommoder de notre climat; mais cet essai avait été fait en plein bois, et les taillis avaient protégé les jeunes plants. Il s'agissait, pour moi, de réensemencer un terrain absolument dénudé; il y avait donc là une expérience à faire; enfin quelques massifs de Sylvestres existaient dans des parcs et végétaient de façon à donner des espérances.

J'ensemençai donc, en 1854, 25 ares environ en pins Laricios de Corse et une étendue à peu près égale de terrain en pins Sylvestres.

Aujourd'hui, les plus beaux sujets de Laricio ont atteint 3^m 30, et la moyenne s'élève à 1^m 50. Quant aux Sylvestres, placés dans de meilleures conditions de sol, ils ont presque tous une hauteur de 2^m 60.

Je renouvelai cette expérience en 1863; pour le pin Sylvestre seulement et sur un sol d'une autre nature; les sujets de ce semis ont aujourd'hui en moyenne 0^m 80 environ.

Le résultat de ces deux essais fut la preuve que le Laricio et le Sylvestre pouvaient végéter sous notre climat et sur notre sol, résultat précieux qui me permit de me mettre à l'œuvre.

J'aborde ici l'exposé de la méthode que j'ai employée dans mes semis et que je dois faire connaître à la commission. Tous les ensemencements dont j'ai eu connaissance sont faits à la volée, c'est-à-dire que, le terrain une fois préparé, on y sème de la graine comme on ferait d'une céréale. Ce procédé a plusieurs inconvénients : il s'oppose à l'espacement régulier des sujets; par leur, dispersion sur le sol, il empêche l'air et la lumière de pénétrer dans le massif; enfin, en cas de semis de différentes essences, il néglige les qualités spéciales de ces essences mêmes, en les plaçant, quelles que soient ces qualités, dans des conditions identiques de végétation.

Cette dernière observation est de la plus haute importance : en ne considérant que le Laricio et le Sylvestre, on remarquera que leur longévité est très-différente, puisque le premier vit au-delà de 150 ans, tandis que le second a atteint vers 80 ans son plus grand âge, si l'on veut faire entrer le maritime en ligne de compte, la différence sera plus marquée encore, puisqu'il s'arrête aux environs de 40 ans ; mais, indépendamment de cette considération, l'œil exercé du forestier distinguera au premier aspect les caractères spéciaux du Laricio et ceux du Sylvestre, qui semblent les destiner à des emplois absolument différents.

Le Laricio, avec sa tige verticale ne se courbant jamais au vent, avec ses couronnes de branches latérales faibles comparativement au tronc, avec ses aiguilles longues, minces et peu nombreuses, avec sa végétation vigoureuse et la continuité régulière de son corps qui se rapproche d'un fût de colonne, tant la diminution de sa circonférence est insensible à des hauteurs différentes, révèle par son port un arbre à grande dimension destiné à être réservé comme sujet de futaie.

Le Sylvestre, au contraire, avec sa tige irrégulière, coudée par les vents, ses branches fortes et fantasques, ses aiguilles drues et courtes, possède toutes les qualités que l'on demande aux bois destinés à faire des bourrées. En sorte que, pour formuler ce qui précède, on dira que le Laricio formera la futaie du bois d'essence résineuse, tandis que le Sylvestre en sera le taillis.

C'est, d'après ces études des différentes espèces de pins, que je me décidai à substituer le semis par rayons au semis à la volée ; le premier me permettant de distinguer les essences, de les espacer d'après les résultats que je me promettais de chacune d'elles, de les placer enfin dans des conditions de végétation appropriées à leur nature. Je labourai mon sol, je le mis en état comme pour faire du blé, je passai le rayonneur sur le labour, j'obtins ainsi des rayons distants de 50 centimètres les uns des autres et dont la longueur était la longueur même du champtier à ensemencer. Muni de la brouette à semer (système Bodin, de Rennes) que je pouvais régler à volonté, j'étais désormais en mesure de déposer mes graines où je voulais et dans la quantité que je voulais.

Mais ici un nouveau calcul était nécessaire : tous ceux qui se sont occupés de semis de résineux savent que, pour réussir, les pins doivent être pressés les uns contre les autres dans le premier âge, tandis que, quand ils ont acquis un certain développement, il leur faut de l'air et du jour pour prospérer. Dans les semis à la volée, c'est par des éclaircies successives que l'on obtient ce résultat, mais on ne l'obtient qu'imparfaitement à cause de la dispersion irrégulière des arbres sur le sol ; dans un semis en lignes ou en rayons, il devait être obtenu par la disparition de l'espèce Sylvestre propre à faire des bourrées. La disposition du semis de l'Est à l'Ouest devait, les Sylvestres une fois enlevés, procurer les avantages de jour et d'air nécessaires à la végétation des Laricios arrivés à l'âge de 10 à 12 ans. Les sujets de cette essence réservée restant cependant serrés les uns contre les autres pour empêcher leurs branches latérales de s'emparer de la sève au détriment de la tige.

Le tableau suivant donnera une idée exacte de la disposition que j'ai définitivement adoptée.

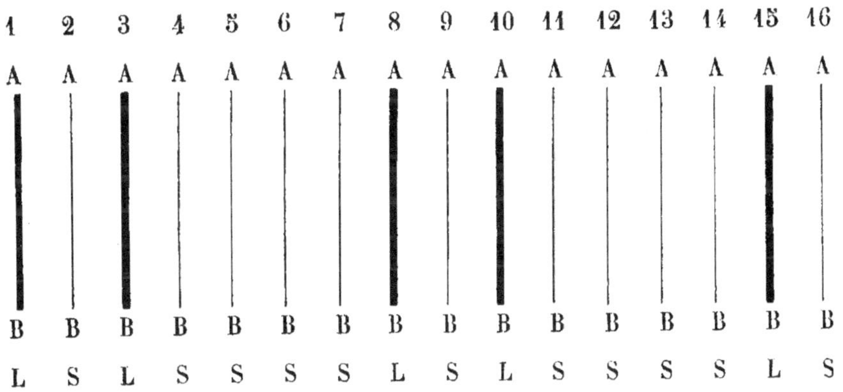

1	2	3	4	5	6	7	8	9	10	11	12	13	14	15	16
A	A	A	A	A	A	A	A	A	A	A	A	A	A	A	A
B	B	B	B	B	B	B	B	B	B	B	B	B	B	B	B
L	S	L	S	S	S	S	L	S	L	S	S	S	S	L	S

Que l'on suppose chaque rayon distant de 50 centimètres; le n° 1 sera du Laricio, le n° 2 du Sylvestre, le n° 3 du Laricio, les n°ˢ 4, 5, 6 et 7 du Sylvestre, le n° 8 du Laricio, le n° 9 du Sylvestre, le n° 10 du Laricio, les n°ˢ 11, 12, 13, 14 du Sylvestre, et ainsi de suite. Comme je laisse les Laricios à 50 centimètres les uns des autres sur la ligne A B, il résultera de cette combinaison que chaque Laricio sera distant sur la ligne de 50 centimètres de ses voisins, et que d'un côté il aura un mètre pour se développer, tandis que de l'autre il aura $2^m 50$. C'est dans cet espace de $2^m 50$ que le jour et l'air viendront toucher chacun de mes sujets, tandis que des autres côtés ils seront pressés de façon à favoriser leur développement en hauteur.

Ces dispositions prises, je semai, en octobre 1854, les trois hectares que j'avais préparés ; je croyais l'opération assurée ; aussi, au printemps de 1855, éprouvais-je la plus complète déception : très-peu de mes graines avaient levé et celles qui avaient levé disparurent peu à peu. Les causes de cet insuccès furent pour moi l'objet d'une étude approfondie. J'avais semé en automne, j'avais trop enterré mes graines et j'attribuai à ces deux causes le levage insuffisant que j'avais obtenu. Mais comment expliquer la perte des sujets qui avaient levé ? Je ne tardai pas à m'apercevoir que j'avais trop bien fait les choses. Je recueillis un certain nombre de pins morts, mais qui, couchés sur le sol, y tenaient encore ; j'enlevai la motte de terre sur laquelle ils se trouvaient et je délayai la terre de cette motte dans un courant d'eau, afin de bien pouvoir constater dans quel état étaient les racines de ces sujets. Je remarquai que tous les radicules latéraux et que le pivot lui-même étaient cassés presque au niveau du sol. Cette observation me révéla ce qui s'était passé. C'est un fait connu de tous les cultivateurs que le sol, sous l'influence des gelées d'hiver, s'élève et enlève avec lui les plantes qu'il porte, puis que le sol redescend au printemps, mais sans ramener ces plantes avec lui dans ce mouvement de retrait ; de là le déchaussement des blés et des luzernes. Or, c'était ce même phénomène qui s'était produit et qui avait causé la mort de mes pins. J'avais, en labourant le terrain, aidé moi-même à ce résultat, car le sol s'élève en raison de son ameublissement. Instruit par l'expérience, je résolus de semer au printemps, du 1er au 15 avril, de ne plus enterrer ma graine, enfin de la confier au sol même sans le soulever par un labour préalable. Pendant l'hiver 1866-1867, je fis rayonner à la main et au cordeau 8 hectares, mes rayons étant à 50 centimètres les uns des autres ; j'y passai la brouette à semer et je me contentai de mêler la graine à la terre restée dans le rayon ; j'obtins ainsi le succès le plus complet ; au bout de trois semaines environ, mes pins étaient levés, et aujourd'hui je les considère comme sauvés. Pendant l'hiver 1867-1868, je préparai, d'après les mêmes procédés, 15 hectares, et ce semis a réussi au-delà de mes espérances ; je prépare en ce moment 18 hectares, qui, je l'espère, seront semés au moment où aura lieu la visite de la commission. C'est donc un semis de 40 hectares environ que je soumettrai à son examen.

Les frais de préparation du sol, l'achat des graines, s'élèvent par hectare à. . . . . 126 fr. » »

Ces frais se divisent ainsi :

Confection de 20,000 mètres de rayons au cordeau.	56	» »
Achat de 5 kil. de graine de Laricio à 10 fr. le kil. .	50	» »
Achat de 4 kil. de graine de Sylvestre à 5 fr. le kil.	20	» »
Totaux. 9 kil.	126	» »

Il va sans dire que, le prix des graines variant, ces frais varient avec lui.

Ces 9 kilogrammes de graine suffisent pour un hectare ; en effet, le kilogramme de Laricio contient 60,000 graines ; c'est donc 300,000 graines répandues sur une longueur de 8,000 mètres ou 37 graines par mètre ; quant au Sylvestre, le kilogramme contient 150,000 graines ; c'est donc 600,000 graines répandues sur une longueur de 12,000 mètres ou 50 graines par mètre ; avec ces chiffres on peut braver les pertes provenant de la graine et des accidents qui peuvent se produire ; le semis sera toujours assez garni.

Les produits des bois de pin déjà réalisés sont considérables ; ma propre expérience m'a prouvé qu'un hectare de pins maritimes arrivés à 40 ans donne 1,750 fr. de produit brut, soit 43 fr. 75 c. par an, non compris les produits antérieurs provenant des éclaircies successives, et que l'on ne saurait estimer à moins que cette somme elle-même. Il faut observer que le pin maritime est très-inférieur au Sylvestre comme bourrée, au Laricio comme arbre de futaie ; que le massif dont il est question avait été semé à la volée, ce qui a dû nuire à la végétation des pins pour les raisons indiquées plus haut ; qu'en comparant ce massif avec les Laricios existant aujourd'hui dans la forêt de Château-neuf-en-Thimerais et qui n'ont qu'une trentaine d'années, on remarque une différence très-considérable, tant au point de vue du nombre des sujets végétant sur un espace donné, qu'au point de vue de leur valeur individuelle.

J'estime que dans un semis en lignes, comme celui indiqué ci-dessus, la valeur des bourrées de Sylvestres, réalisée quand les sujets ont 10 ou 12 ans, doit payer le sol, les frais d'ensemencement et de garde, les contributions, plus un intérêt du capital engagé calculé au denier 20, en sorte que la futaie de Laricios constituerait un bénéfice réel et net.

Cette valeur considérable des bourrées vient des conditions économiques dans lesquelles se trouve placé le département d'Eure-et-Loir, conditions économiques qui devraient engager les propriétaires de bruyères et de landes à ensemencer en pins ces terrains aujourd'hui peu productifs. La pierre à construire est rare dans le département ; aussi est-ce à la brique que l'on a recours pour élever les édifices particuliers ou publics ; la tuile est le mode de couverture le plus généralement employé ; et il en résulte que les bourrées trouvent un débouché certain et avantageux dans les briqueteries où l'on confectionne ces matériaux ; sans doute, leur prix pourrait baisser si la production des bois de bourrée atteignait des proportions considérables, mais ne serait-ce pas là un résultat dont tout le monde profiterait ? Et ainsi la création de bois résineux, en procurant des bénéfices importants à ceux qui s'y adonneraient, contribuerait en même temps à la prospérité générale du pays.

C'est cette double pensée qui a inspiré ce mémoire.

Léon VINGTAIN,

Président du Comité de l'arrondissement de Dreux.

DREUX. — IMPRIMERIE DE CH. LEMENESTREL, RUE D'ORLÉANS.